Stephanie Dietrich

Die Pazifikreisen des James Cook und die Entdeckung anderer Gesellschaften

GRIN Verlag

Bibliografische Information der Deutschen Nationalbibliothek:

Die Deutsche Bibliothek verzeichnet diese Publikation in der Deutschen National-
bibliografie; detaillierte bibliografische Daten sind im Internet über http://dnb.d-
nb.de/ abrufbar.

Impressum:

Copyright © 2010 GRIN Verlag GmbH
Druck und Bindung: Books on Demand GmbH, Norderstedt Germany
ISBN: 978-3-656-05427-6

Dieses Buch bei GRIN:

http://www.grin.com/de/e-book/178619/die-pazifikreisen-des-james-cook-und-die-
entdeckung-anderer-gesellschaften

GRIN - Your knowledge has value

Der GRIN Verlag publiziert seit 1998 wissenschaftliche Arbeiten von Studenten, Hochschullehrern und anderen Akademikern als eBook und gedrucktes Buch. Die Verlagswebsite www.grin.com ist die ideale Plattform zur Veröffentlichung von Hausarbeiten, Abschlussarbeiten, wissenschaftlichen Aufsätzen, Dissertationen und Fachbüchern.

Besuchen Sie uns im Internet:

http://www.grin.com/

http://www.facebook.com/grincom

http://www.twitter.com/grin_com

Friedrich-Alexander-Universität Erlangen-Nürnberg

Naturwissenschaftliche Fakultät

Institut für Geographie

Wintersemester 2010/11

Seminar „Kultur und Raum"

Die Pazifikreisen des James Cook
und die Entdeckung anderer Gesellschaften

Stephanie Cornelia Dietrich

LA Gymnasium Geographie/Deutsch/Mathematik

3./3./1. Fachsemester

Inhaltsverzeichnis

Abbildungs-/ Tabellenverzeichnis

1. Einleitung

„Die Reisen Cooks stehen in ihrer epochalen Bedeutung [...] nur den Fahrten des Kolumbus nach; dennoch hat man Cook, abgesehen von der jüngeren Gegenwart, kaum jemals den Tribut gezollt, den seine brilliante, wissenschaftlich exakte Forschertätigkeit verdiente" (Grenfell Price 1971: 10).

Bereits vor Cook fuhren viele Entdecker hinaus in die Welt. So sind zum Beispiel Namen zu nennen wie Magellan, der als erster Seefahrer die ganze Welt umsegelte, Kolumbus, der Amerika entdeckte oder Tasman, der auf einer seiner Reisen bewiesen hat, dass die nordwestliche Küste Australiens „nicht mit dem angeblichen Südland zusammenh[ängt]" (März 1908). Natürlich könnten hier auch noch einige andere bedeutende Entdecker aufgelistet werden, aber das würde nicht dem eigentlichen Thema dienen. (März 1908: 7)

Im Folgenden soll es nämlich um die Person James Cook, seine Reisen und vor allem seine Entdeckungen gehen. Da er in viele verschiedene Richtungen Forschungen unternahm, wird sich im Weiteren hauptsächlich auf den Bereich der angetroffenen Gesellschaften und Kulturen beschränkt. Innerhalb dieses Teilgebiets werden vor allem seine Beschreibungen auf eine bestimmte Systematik hin untersucht sowie auf Grenzen, die er zwischen den fremden Kulturen untereinander, aber auch zu seiner eigenen zieht. Als Abschluss soll die Leitfrage, ob James Cook als Begründer der Kulturgeographie gesehen werden kann, beantwortet werden.

Diese gerade angesprochene Kulturgeographie ist eine mittlerweile überholte Form und wird hier aus der Perspektive der Neuen Kulturgeographie betrachtet, die auf Grund des Cultural turns neue Ansichten aufweist, aber sich dennoch den Forschungskriterien der vorherigen Kulturgeographie bewusst ist.

Als Forschungsgrundlage dienen vor allem die „Entdeckungsfahrten des James Cook im Pacific 1768-1779" von Grenfell Price herausgegeben, sowie „Die Politik der Verortung" von Julia Lossau. Ergänzend kommen aber noch andere Werke hinzu, denn Forschungsliteratur zu James Cook ist viel vorhanden, allerdings werden meist nur seine Reisen geschildert. Doch bevor auch hier von diesen berichtet wird, erst einmal etwas zu Cooks Leben vor der Seefahrt.

2. Das Leben des James Cook

Der Entdecker James Cook hat viel in seinem Leben erreicht, gesehen und erlebt. Dass er ein kluger Kopf mit Mut und Kühnheit war, wird aus seinen Tagebüchern schnell deutlich. Im Gegensatz zu vielen anderen Entdeckern der Zeit kann man Cook als einen sehr belesenen Mann bezeichnen, was ihm auf seinen Reisen einige Vorteile bringen sollte. So nahm er auf seine erste Reise zum Beispiel viele Schriften anderer Seefahrer über deren Reisen im Pazifik mit, um hilfreiche Schlüsse daraus ziehen zu können. (Grenfell Price 1971: 36) Doch wie wächst ein solcher Seefahrer auf?

2.1 Die Person James Cook

James Cook erblickte am 27.10.1728 als in einem Dorf namens Marton-cum-Cleveland (York) das Licht der Welt. Sein Vater arbeitete als Taglöhner, genauer gesagt als Verwalter einer Farm. Nach seiner Taufe wuchs er in eher ärmlichen Verhältnissen auf. (Grenfell Price 1971: 28)

Sein Vater hatte Kenntnisse in Zahlen und Buchstaben und auch von seinem Sohn James forderte er eine gewisse Bildung. (Vandercook 1955: 5) So lernte Cook die wichtigsten Grundfertigkeiten in verschiedenen Institutionen bis er 13 Jahre alt war. Zunächst führte ihn sein Lebensweg ebenfalls auf die Farm, wo er aushalf, dann begann er aber eine Lehre zum Krämer in Staithes. Die Nähe des dortigen Hafens ließ in Cook eine „Sehnsucht nach der Seefahrt" (Grenfell Price 1971: 28) entbrennen. (Hennig 1952: 3)

1746 ergriff er in Hennigs Buch die Flucht, um einen Beruf in der Seefahrt zu ergreifen. Bei Grenfell Price hingegen half ihm sein Ausbilder eine neue Anstellung als Gehilfe bei Schiffseignern in Whitby zu erlangen. In den unterschiedlichsten Positionen fuhr Cook in den Sommermonaten zur See und lernte dabei viel über die Kartographie und Forschung. Als Cook aber das Angebot erhielt, das Kommando auf einem Schiff zu übernehmen, wies er es zurück, denn er hatte seine Chance und Pflicht in der Marine erblickt. Während des Winters bildete er sich mit viel Fleiß in Navigation, Nautik, Astronomie, Vermessung und Kartographie weiter. Mit 26 Jahren wechselte Cook (siehe Abb. 1) zur Marine, wo er Erfahrungen mit Scorbut und Navigation machen konnte und die Karriereleiter stetig nach oben kletterte. Bereits nach elf Jahren wurde er zum

Abb. 1: James Cook.

Kapitän der Pembroke ernannt. 1961 bekam Cook eine Prämie von 50 Pfund „in Anbetracht

seiner unermüdlichen Anstrengungen, sich selbst zum Meister der Ausmessungen des St.-Lorenz-Stromes zu machen" (Hennig 1952: 8) durch den Flottenchef der Küstengewässer Amerikas zugesprochen. (Hennig 1952: 3ff.; Grenfell Price 1971: 29)

Neben seinem großen Engagement in seinem Beruf, lernte Cook Elizabth Batts kennen, welche er im Dezember 1962 heiratete und mit der er sechs Kinder zeugte, von welchen aber nur drei überlebten. Ein prägendes Ereignis für Cook begab sich während des Kartierens von Labrador und Neufundland: Ein Pulverfass explodierte und sorgte dafür, dass Cook seinen Daumen verlor. Mit seiner letzten Arbeit, bevor er für die im nächsten Kapitel näher erläuterten Reisen auserwählt wurde, zog er Aufmerksamkeit und Anerkennung auf sich. Es handelte sich hierbei um die Beobachtung und Dokumentation einer Sonnenfinsternis. (Hennig 1952: 9ff.)

2.2 Seine Reisen

„Ihr sollt gen Süden fahren, um den Kontinent zu entdecken" (Grenfell Price 1971: 33). So soll der geheime Auftrag an Cook gelautet haben, ehe er zu seiner ersten großen Reise in See stach. Eigentlicher Auftrag war es, den Durchgang der Venus von einem südlichen Punkt aus zu beobachten. An Bord der Endeavour, Cooks Expeditionsschiff waren neben Cook einige Astronome, Naturforscher, Botaniker, ein Koch, ein Arzt und viele andere Menschen, die für eine dreijährige Reise unabdingbar waren. (Grenfell Price 1971: 33ff.)

Cooks erste Reise begann am 25.08.1768 in Plymouth. Von dort aus führte ihn sein Weg über Madeira, Rio de Janeiro, Feuerland, vorbei am Kap Horn bis nach Tahiti, wo er den Durchgang der Venus dokumentierte. Die Beobachtung verlief ohne Probleme und bei besten Wetterbedingungen. So führte ihn seine Reise nach Neuseeland. Um einen weiteren Auftrag zu erfüllen, umsegelte Cook die Küsten Neuseelands, welche er gleichzeitig äußerst genau kartierte und bei dieser Gelegenheit auch feststellen musste, dass es sich um zwei Inseln handelt. Die Weiterfahrt führte ihn über Neuholland (bei Grenfell Price die Ostküste Australiens mit anschließender Fahrt entlang der Südküste Neuguineas, um zu untersuchen, ob diese beiden Kontinente zusammenhängen (1971: 111)) nach Java, zum Kap der guten Hoffnung und schließlich zurück nach Plymouth. (siehe Abb. 2) Nach detaillierter Kartierung der Küste Neuhollands erlitt Cook Schiffbruch, was die Weiterfahrt verzögerte. (Humble 1991: 10ff)

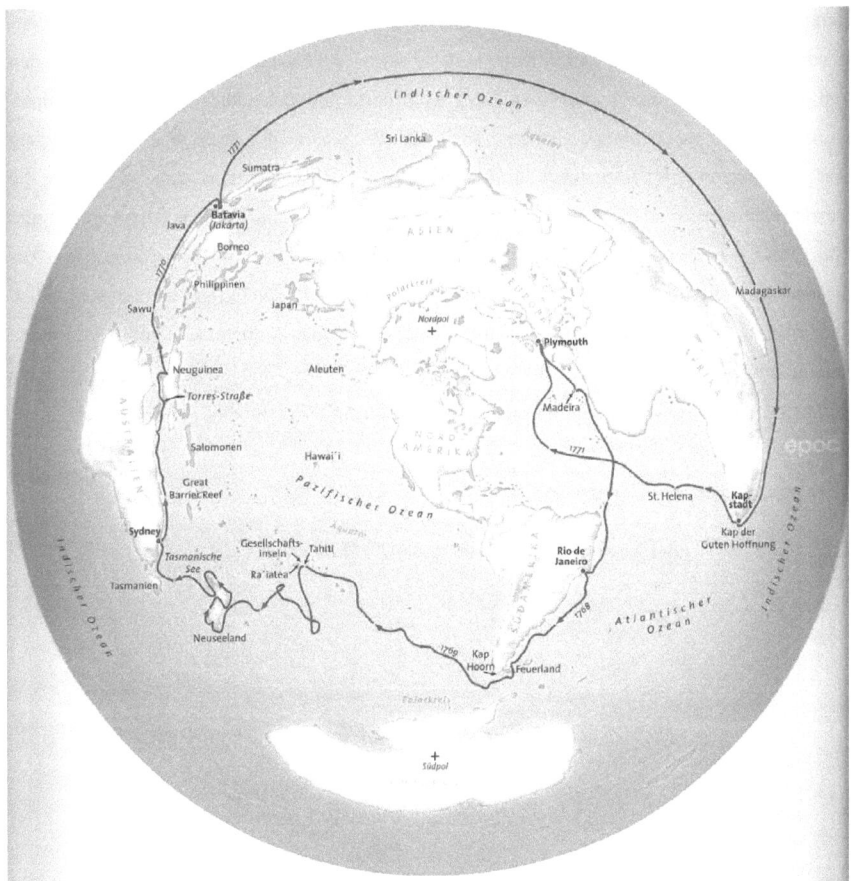

Abb. 2: Die erste Reise James Cooks, 1768-1771.

Dadurch konnte James Cook seine erste Pazifikreise mit kleiner Verzögerung   und großartigen Ergebnissen am 10.07.1771 beenden. (ebenda: 17) Er hatte zwar kein neues, südlich liegendes Land entdeckt, aber den Durchgang der Venus hervorragend dokumentiert, bewiesen, dass Neuseeland aus zwei Inseln besteht, Zeichnungen und herausragende Landkarten (vor allem von Neuseeland) angefertigt und eine Passage zwischen Neuholland und Neuguinea entdeckt. (Grenfell Price 1971: 132ff.) Er und auch seine Wissenschaftler konnten auf der Reise wichtige Kenntnisse in verschiedenen Bereichen ziehen, wie zum Beispiel die Entdeckung neuer „Lebewesen und Pflanzen" (Vandercook 1955: 105) und andere naturgeschichtliche Fakten. (Grenfell Price 1971: 135)

Bereits am 13.07.1772 stach Cook erneut in See. Diesmal mit zwei Schiffen namens Resolution und Adventure. Der Auftrag lautete, einen südlich liegenden Kontinent zu finden und die Südpolarregion zu erforschen. Sein Weg führte ihn über Südafrika Richtung Südpol, wo er auf eine große Menge Eisberge stieß. Er durchquerte den Indischen Ozean entlang dieses „Eiskontinents" und nahm im Anschluss Kurs auf Neuseeland und Tahiti, um die Vorräte auffüllen zu können. Von dort brach er quer durch den Pazifischen Ozean erneut zum Südpol auf, traf aber wieder auf Eisschollen, die ein Weiterkommen unmöglich machten. Aus diesem Grund setzte er seine Reise fort, indem er den Pazifik durchkreuzte bis er schließlich wieder in Neuseeland landete. Damit hatte Cook einmal den kompletten Globus umrundet, ehe er seine Rückreise vorbei an Südamerika, durch den Südatlantischen Ozean nach Südafrika und schließlich nach Plymouth antrat. (siehe Abb. 3) (Humble 1991: 19)

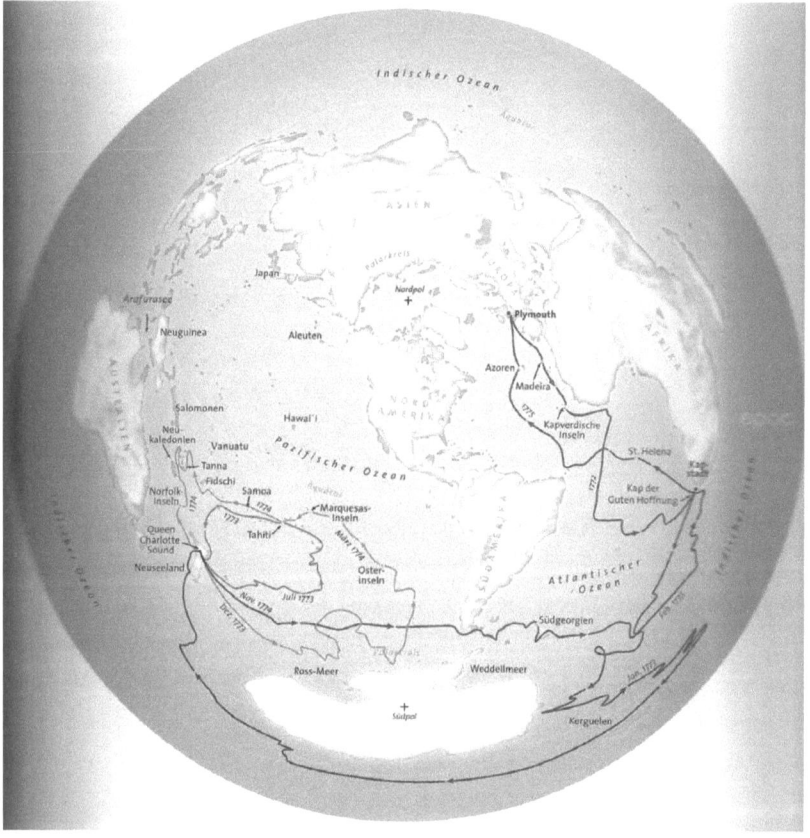

Abb. 3: Die zweite Reise James Cooks, 1772-1775.

Auch von dieser Reise brachte er einige neue Kenntnisse mit, wie zum Beispiel die Erkenntnis, dass es keinen Kontinent im Südpazifik gibt. Dafür aber stellte er die Vermutung auf, dass es eine kleinere, antarktische Landmasse geben muss, welche zwar ohne Nutzen sein würde, aber von der das Packeis stammen würde. Auf Grund dieser Reise wurde Cook der erste Erforscher der Süpolarregion. Durch die Tatsache, dass Cook auch die Welt umsegelte, entdeckte er einige bisher unbekannte Inseln im Pazifik sowie nützliche Pflanzen, deren Gebrauch er noch auf der Reise austestete. Auch der künftigen Schifffahrt erwies er einen enormen Dienst, denn er benutzte eine neue, einfache Methode die geographischen Längengrade exakt zu bestimmen. (Grenfell Price 1971: 278ff.)

Cooks Reisen sollten damit aber kein Ende haben und so stach er am 12.07.1776 mit der Resolution und der Discovery in See.

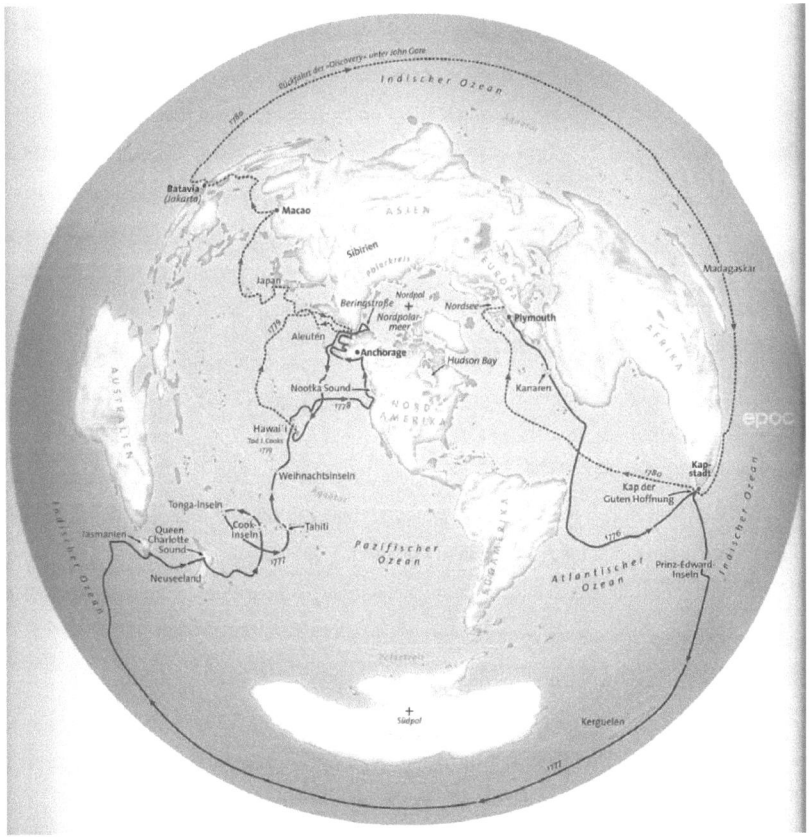

Abb. 4: Die dritte Reise James Cooks, 1776-1780.

Wie schon bereits bei der vorherigen Reise segelte er erst einmal in Richtung Kap der guten Hoffnung über Tasmanien nach Neuseeland bis Tahiti. Von dort aus ging er seinem neuen Auftrag, den Pazifik zu erforschen und eine Nord-West-Passage, also eine Verbindung zwischen Pazifik und Atlantik zu finden, nach. Aus diesem Grund segelten die Engländer nach Neualbion, die kalifornische Küste entlang, wobei Cook die sogenannte Weihnachtsinsel (oder auch Atoll) entdeckte und schließlich auch Hawaii. Die Reise wurde mit einer Route über Amerika, wo es starke Unwetter gab und Cook einen Zwischenstopp an der Küste einlegen musste, zur Beringstraße zwischen Asien und Amerika, die eine Eisbarriere aufwies, und schließlich bis über die Aleuten zurück nach Hawaii, um Ruhe zu finden und das Schiff reparieren lassen zu können, fortgeführt. (siehe Abb. 4) Da Cook diese Expedition im nächsten Jahr noch einmal starten wollte, dachte er langsam an den Heimweg und so traten die Discovery und Resolution ihren Rückweg an. Allerdings kamen die beiden Schiffe in einen Sturm, der neue Reparaturen nötig machte. Da die nächst gelegene Insel Hawaii war, fuhr die Mannschaft zurück. Die Hawaiianer waren darüber nicht sehr glücklich, denn sie hatten ihnen bei seinem vorherigen Besuch alle Vorräte gegeben und sie hatten bemerkt, dass Cook ein Sterblicher und kein Gott ist, wie sie zuvor annahmen. Als sie daraufhin das Beiboot eines Schiffes Cooks stahlen, wollte dieser es mit einer List zurückholen. Ein Plan, der in früheren Fällen schon oft eine gute Lösung bildete und gestohlene Dinge zurückbrachte. Nicht aber in diesem Fall. Es kam zu einem Kampf zwischen Cook und den Hawaiianern, wobei Cook am 14.02.1779 umkam. Das Kommando übernahm ein John Gore, der Cook auf See bestatten ließ. (Humble 1991: 21ff.)

Doch auch von dieser Reise kann von Ergebnisse berichtet werden, auch wenn es einige Schwierigkeiten auf Grund des Todes Cooks bei deren Veröffentlichung gab. So kann man es aber als wichtiges Resultat sehen, dass Cook die Existenz der Beringstraße als wahr belegt hat. Außerdem hat er die nordwestamerikanische und die antarktische Küste genauestens erkundet und Hawaii, also die Sandwichinseln, entdeckt, was „von erheblicher wirtschaftlicher Bedeutung und außerordentlichem strategischem Wert" (Grenfell Price 1971: 391) war. (ebenda: 390f.)

Bisher unerwähnt blieben Cooks Aufgaben neben der Erfüllung des englischen Auftrags und der Navigation des Schiffes. Er fühlte sich äußerst verantwortlich für seine Mannschaft und somit auch für deren Gesundheit und die Landgänge der Forscher. (Beispiel in Vandercook 1955: 102) Die meiste Angst hatten sie vor der Seefahrerkrankheit Scorbut, die schon vielen Matrosen das Leben kostete. Nicht aber bei Cook, denn dieser ergriff ausreichende Maßnahmen zur Vorbeugung. Diese bestanden unter anderem aus dem Verzehr von

Sauerkraut, Brühe und Malz. (Grenfell Price 1971: 45) Auch von „Durchlüftungszeiten" unter Deck und von einer Pflanze, die Cook auf einer seiner Reisen fand, war in Grenfell Price' Buch zu lesen. War dennoch einmal ein Mann befallen, so konnte Cook ihn meist wieder heilen. Wie erfolgreich er mit seinen Methoden war, ist vor allem während der zweiten Reise zu erkennen, denn die Besatzung des anderen Schiffes war sehr häufig von dieser Krankheit befallen und Cook hatte große Mühe, die Menschen über die Distanz eines Schiffes hinweg zu heilen. (Grenfell Price 1971: 184) Auf Grund „seines Berichts über die Verhütung von Skorbut" wurde Cook sogar in die Royal-Society berufen. (Kolb 1981: 295)

3. James Cooks Forschungen in Bezug auf die Kultur

Bisher wurde sowohl bei der Schilderung der Reisen als auch bei der Auflistung der Ergebnisse, der für diese Arbeit zentrale Aspekt der Kultur außer Acht gelassen. In diesem Kapitel soll auf die angetroffenen Kulturen und deren Beschreibung bzw. Klassifikation eingegangen werden. Vorab ist zu erwähnen, dass Cook vielen Ureinwohnern (Beispiel Abb. 5) begegnete und ihn diese meist freundlich aufnahmen.

Stets fand ein reger Tauschhandel zwischen den Engländern und den Bewohnern der Inseln statt. Der Häuptling besuchte seine Gäste auf deren Schiffen, es wurden Rituale veranstaltet, an denen die Mannschaft teilnehmen konnte und sie wurden mit Nahrungsmitteln versorgt. Auch die Liebe blieb bei längeren Aufenthalten nicht außen vor, was jedoch von Cook sehr zwiespältig beobachtet wurde, da so die Gefahr von Krankheiten enorm stieg. Was aber nicht verschwiegen werden darf,

Abb. 5: Porträt eines Maori

sind die Diebstähle, die Cook zu verzeichnen hatte, da nahezu alle angetroffenen Gesellschaften Eisen und andere Werkzeuge nicht kannten und somit benötigten. (Grenfell Price 1971)

Voraussetzung für diese zumeist friedlichen Kontakte zu den Ureinwohnern war Cooks einfühlende Art, die von Menschenkenntnis geprägt war, und seine Einstellung zu diesen fremden Kulturen: „Auf diesem Globus, dem seine endgültige Form zu geben seine Aufgabe war, lebten sie als seine Verwandten. Als solche wolle er sie auch behandeln" (Vandercook

1955: 108), obwohl Cook fand, dass sich diese „auf erbärmlich niedriger Kulturstufe" (Kolb 1981: 293) befinden.

3.1 Beschreibung, Klassifikation und Abgrenzung des Angetroffenen zum Bekannten

Otahiti	Neu Hebriden	Hawaii
Begrüßung	Begrüßung	Kleidung
Aussehen	Sprache	Schmuck
Diebstähle	Aussehen	Tätowierung
Tätowierung	Tausch	Aussehen
Kleidung	Häuser	Ritual
Tagesablauf	Aussehen II	Reich
Rituale	Schmuck	Waffen
Sexualität	Piercing	Kanus
Häuser	Waffen	Häuser
Kanus		Ritual
Werkzeug		Religion
Reich		Werkzeug
Religion		Reich

Tab.: Reihenfolge der Themengebiete in Cooks Beschreibung der Gesellschaften von Otahiti, Neu Hebriden und Hawaii.

Im folgenden Kapitel wird eine Auswertung Cooks Beschreibungen über die angetroffenen Kulturen nach dem Buch „Entdeckungsfahrten im Pacific 1768-1779" von Grenfell Price vorgenommen. Dabei wird untersucht, in welche Teilbereiche Cooks Ausführungen zu unterteilen sind und ob diese eine bestimmte Reihenfolge aufweisen. Die Kategorien stützen sich im Ansatz auf Grenfell Price' Einteilung in „Einwohner und deren Sitten und Gebräuchen, deren Religion, Häuser, Waffen und Kanus" (1971: 56), wurden aber eigens anhand dreier Beispiele verändert und erweitert.

Betrachtet man die nebenstehende Tabelle, die Oberbegriffe zu den einzelnen Abschnitten von Cooks Beschreibungen auflistet, anhand der Beispiele der Einwohner von Otahiti (erste Reise) (Grenfell Price 1971: 58-67), den Neu Hebriden (zweite Reise) (ebenda: 240-245) und Hawaiis (dritte Reise) (ebenda: 323-331), so fällt einem sofort auf, dass sich einige Begriffe wiederholen. Es wird also auf einen Blick deutlich, dass Cook klar von einander abzugrenzende Kategorien hatte, die größtenteils (je nach Schilderung und Zusammenhang) auch in einer gewissen Reihenfolge strukturiert sind. So wäre die zumeist erst Genannte das Aussehen, welche in „von Natur aus" und „künstlich" unterteilt werden kann. In der zuerst erwähnten Untergruppe werden Faktoren wie Haarfarbe, Statur und Hautfarbe betrachtet, während es in der Untergruppe „künstlich" um Dinge wie Schmuck, Täto-wierungen, Piercings und Kleidung geht. Eine weitere, am Anfang angeführte Kategorie ist die Sprache, die aber nicht in jedem Kapitel explizit erwähnt wird, außer es handelt sich um eine Besonderheit. Bei dem Punkt Warenaustausch muss unterschieden werden zwischen Diebstahl, Geschenken und Tauschhandel, was aber nicht bedeutet, dass sich diese Untergruppen untereinander ausschließen. Häufig begeisterte Cook die Fertigkeit und der Ideenreichtum, mit dem die Ureinwohner ihre Kanus, Werkzeuge, Waffen und Häuser schufen. Diese Vier bilden zusammen die Kategorie Gefertigtes. Zum Abschluss die letzte Kategorie namens Religion und Reich, in welche die Religion selbst, Rituale und das Staatssystem fällt. Aus diesen Kategorien und Untergruppen ergibt sich folgende Reihenfolge beziehungsweise Ordnung: natürliches Aussehen, Warenaustausch, künstliches Aussehen, Religion und Reich, Geschaffenes, Religion und Reich. Eine Reihenfolge für die einzelnen Untergruppen einer Kategorie gibt es aber nicht.

Auch kann eine Untergruppe einmal in einer „falschen Kategorie" auftauchen, zum Beispiel in der Beschreibung der Gesellschaft Hawaiis, die Untergruppe Werkzeug in der Kategorie Religion und Reich, obwohl es eigentlich Teil der Kategorie Gefertigtes sein müsste. (siehe Tab. 1) (Grenfell Price 1971: 327ff.)

Die Reihenfolge der einzelnen Kategorien könnte Cook also schon vor seiner ersten Reise festgelegt haben, denn sonst würde diese nicht stets ungefähr gleich bleiben. Anders verhält es sich bei der Abgrenzung zu bereits Bekanntem und seiner eigenen Kultur, also zu Engländern und somit Europäern.

Auf seiner ersten Reise bildet er in der Beschreibung klare Grenzen zu Europäern. Er zieht vor allem Vergleiche zu ihnen, indem er sagt „[d]ie höhergestellten Frauen sind in jeder Hinsicht so groß wie Europäerinnen" (ebenda: 58), „hellhäutig wie Europäerin[]nen" (ebenda: 58f.) oder „[e]ine weitere Gewohnheit, die Europäern misslich erscheint" (ebenda: 59). Diese Äußerungen zeigen bereits, dass Cook die neuen Eindrücke und Verhaltensweisen stets in Relation zu seiner eigenen Kultur setzt.

Generell gilt, dass keine Beobachtung objektiv sein kann und somit in jeder Beschreibung einer Beobachtung oder einer Erfahrung eine gewisse Wertung steckt, die es gilt entweder zu vermeiden oder wie in Cooks Fall in Relation zu setzen und mit bestimmten Adjektiven zum Ausdruck zu bringen. Beispiele hierfür wären „ihre Züge [wirken] angenehm[] und ihre Haltung [...] edel" (ebenda: 59). Um dies äußern zu können, muss eine

Vergleichsmöglichkeit vorhanden sein, was bei Cook zu diesem Zeitpunkt nur Europäer sein konnten.

Verlassen wir einmal kurz unsere drei Beispiele, so kann man auch davon ausgehen, dass wenn Cook die Einwohner Kap Horns als „primitives Volk" (Vandercook 1955: 98) mit „unverständlicher Sprache" (ebenda: 99) beschreibt, meint er im Gegensatz zu den Europäern, ist dieses Volk primitiv und spricht eine für Europäer unverständliche Sprache.

Auf der zweiten und dritten Reise ändert sich dieser Umstand und er setzt das Neue nicht mehr nur in Relation zu den Europäern, sondern er hat jetzt auch die Möglichkeit, einen Bezug zu den anderen Kulturen der vorherigen Fahrten herzustellen. Zwar verwendet er weiterhin wertende Adjektive, die als Bezugspunkt Europa haben, wie zum Beispiel „wenig attraktive[s] Erscheinen" (Grenfell Price 1971: 241), aber direkte Vergleiche werden meist zu den anderen Kulturen gezogen. Diese Tatsache häuft sich auf der dritten Reise sehr stark, zumal Cook hier einige Gemeinsamkeiten der Hawaiianer mit den Einwohner Otaheitis findet. So spricht er zum Beispiel von einer Kopfbedeckung, die eine runde Kappe sei und die „auf Otaheite *Tomou* genannt wird" (ebenda: 318). Auch bei der Figur der Menschen stellt Cook Ähnlichkeiten fest, so sagt er „[i]hre Gestalten sind schlank und rank, und viele hatten die Figur derer von Otaheite" (ebenda: 323). Als weitere Übereinstimmung innerhalb dieser beiden Kulturen lässt sich die Religion nennen, welche Cook selbst am besten beschreibt: „[D]iese Leute [haben] fast dieselbe Auffassung von Religion […] wie jene und daß der einzige Unterschied nur in der Lage der Toten zu sehen ist" (ebenda: 319).

3.2   Ordnungssysteme im 18. Jahrhundert allgemein

Im 18. Jahrhundert ging man von einer natürlichen Ordnung oder besser „geographischen Wirklichkeit" (Lossau 2002: 74) aus, was bedeutet, dass alles einen bestimmten Platz einnehmen muss. Dies kann aber nur erfolgen, wenn in unserem Falle die Kultur nach bestimmten Kategorien unterteilt und untersucht wird. So hat man im 18. Jahrhundert den Versuch gestartet, die Welt zu ordnen. Daraus entstand im Folgenden die „Wissenschaft vom Konkreten" (ebenda: 75). Um diese Wissenschaft aber möglich machen zu können, müssen Dinge erst einmal verortet werden. Sie werden dadurch zu „objektivierten Objekten und Identitäten" (ebenda: 76), die nur durch diesen Aspekt den Platz einnehmen können, der ihnen vorbestimmt ist. Dabei spielen auch Grenzen eine Rolle. Nicht nur politische, die zwar auch ein wichtiger Teil der Bewegungen im 18. Jahrhundert sind, denn Herrschaft, Kolonialisierung und somit auch Macht treten bereits in Form von sich androhenden Kriegen auf, sondern auch die Grenzen zwischen den eigenen, also europäischen und den fremden

Kulturen. Ziel war es, Regelmäßigkeiten innerhalb des Neuen zu erkennen und von einem „fixen und universell gültigen Aussichtspunkt" (ebenda: 84) zu betrachten, was bedeutet, nur Sichtbares in die Beschreibungen aufzunehmen. Die Aufgabe war also ein analytisches Verfahren zu entwickeln, das eine strukturierte Anordnung liefert und in der Ausführung trotzdem prägnant und nach klaren Kriterien abgesteckt ist, um sich daraufhin selbst als Zentrum verorten zu können. Die Mittel, die eine Ordnung ermöglichen, sind also „observation, classification and comparison to peoples and societies that made our own subject possible" (Gregory 1998: 10). (ebenda: 69-89)

Daraus lässt sich Kultur zusammenfassend wie folgt definieren: Kultur als Einheit von Natur, Gesellschaft und Kultur selbst, die von einem einzigen Zentrum ausgehend betrachtet wurde. Kultur ist also das, was aus den Gemeinsamkeiten und Unterschieden der Völker zu diesem einen Zentrum und deren Einteilung in systematisch angeordnete Kategorien entsteht. (ebenda: 69-89)

4. Fazit

Häufig wird Cook als der Begründer der Kulturgeographie bezeichnet. Die Frage ist nur inwiefern er das wirklich ist. Bringt man Kapitel 3.1 und 3.2 in Zusammenhang, dann wird deutlich, dass Cook viele der Kriterien des Ordnungssystems im 18. Jahrhundert erfüllte. Das „mehr und mehr eurozentrische Weltgeschehen" (Kolb 1981: 289) und die damit einhergehende Sucht der Regierungen nach Herrschaft und Kolonialisierung führte ihn auf seine Reisen und kam auch in seinen Beschreibungen zum Vorschein, denn oft erwähnte er, dass dies ein (un-)geeigneter Ort für eine Kolonie sei. Während dieser Reisen ging er vor allem einem zentralen Aspekt nach: der Verortung. Er entdeckte mehrere Inseln und testete Verfahren aus, die die Längengrade noch genauer bestimmen konnten. Zwar ist bei dem oben angesprochenen Ordnungssystem im 18. Jahrhundert nicht unbedingt die geographische Lage gemeint, aber ist diese doch auch Teil einer Ordnung innerhalb der einzelnen Kulturen, denn sowohl „„Kultur [als auch] Imperialismus' [sind] Akt[e] der geographischen Gewalt, mit de[nen] ,ferne Gegenden' (Said 1994: 127) erkundet, kartiert und letztlich unter Kontrolle gebracht würden" (Lossau 2002: 79). Da James Cook durch seine geographische Verortung und seine beachtlichen Beschreibungen der Kulturen hierzu einen enormen Beitrag leistete, wird „James Cooks erste Pazifikreise und damit das Jahr 1769 als ,Stichjahr' ausgewählt" (ebenda: 86), vor allem weil er das „Ordnungsprinzip der *Repräsentation*, welches nicht nach Analogien, sondern nach *Gleichheiten* und *Ungleichheiten* Ausschau hält" (ebenda: 87) bereits beherzigte, indem er bestimmte Kategorien bildete und diese meist in der gleichen Reihenfolge untersuchte und beschrieb.

Cook brauchte auf seinen Reisen vor allem „power, self-confidence and assertion, [(trotz] wonder, self-doubt, and anxiety [)]" (Greogory 1998: 13). Genau diese Eigenschaften brachte er auf Grund seines Ehrgeizes, Kampfgeistes und seines Wissensdrangs mit. Darum hat er von seinen Reisen Berichte verfasst, die den Weg für die Zukunft ebneten und eine Grundlage in vielen Bereichen bildeten, vor allem aber in der Kulturgeographie, denn noch nie zuvor waren solch genaue, durchdachte und geordnete Beschreibungen von einer Reise mitgebracht worden wie bei Cook.

Damit lässt sich abschließend sagen, dass dank Cooks Reisen und deren kulturellen Ergebnissen ein Grundstein für die Kulturgeographie gelegt werden konnte und dass „geography […] a constitutively *European* science [ist] whose formation belongs to the closing decades of the eighteenth century" (Gregory 1998: 9).

5. Literaturverzeichnis

Monographien

Aughton, Peter (2005): The fatal voyage: Captain Cook's last great journey. o.O..

Beaglehole, J.C. (1974): The Life of Captain James Cook. London.

Emersleben, Otto (1998): James Cook. Hamburg.

Grenfell Price, A. (Hrsg.) (1965): Captain James Cook: Entdeckungsfahrten im Pacific: Die
Logbücher der Reisen von 1768 bis 1779. New York.

Hennig, Edwin (1952): Große Naturforscher: James Cook: Erschliesser der Erde. Bd.9.
Stuttgart.

Humble, Richard (1991): Die grossen Entdecker: Die Reisen des James Cook. Nürnberg.

Kolb, Albert (1981): Kleine Geographische Schriften: Die pazifische Welt: Kultur- und
Wirtschaftsräume am Stillen Ozean. Bd.3. Berlin.

März, Johannes (1908): Cook der Weltumsegler: Leben, Reifen und Ende des Kapitäns James
Cook. Leipzig.

Lossau, Julia (2002): Die Politik der Verortung. Eine postkoloniale Reise zu einer
>ANDEREN< Geographie der Welt. Bielefeld.

Stoddart, D.R. (1986): On Geography and its History. New York.

Vandercook, John W. (1995): Der Weltumsegler: Kapitän James Cook: Das Leben eines
großen Entdeckers. Wien.

Sammelwerke

Bay, Hansjörg; Merten, Kai (Hrsg.) (2006): Die Ordnung der Kulturen. Zur Konstruktion
ethnischer, nationaler und zivilisatorischer Differenzen 1750-1850. Würzburg.

Glasze, Georg; Mattissek, Annika (Hrsg.) (2009): Handbuch Diskurs und Raum. Theorien
und Methoden für die Humangeographie sowie die sozial- und
kulturwissenschaftliche Raumforschung. Bielefeld.

Kunst- und Ausstellungshalle der Bundesrepublik Deutschland GmbH, Bonn;
Kunsthistorisches Museum mit Museum für Völkerkunde und Österreichischem
Theatermuseum, Wien; Historisches Museum Bern (Hrsg.) (2009): James Cook und
die Entdeckung der Südsee. München.

Aufsätze

Glasze, Georg; Mattissek, Annika: Diskursforschung in der Humangeographie: Konzeptionelle Grundlagen und empirische Operationalisierungen. In: Glasze, Georg; Mattissek, Annika (Hrsg.) (2009): Handbuch Diskurs und Raum. Theorien und Methoden für die Humangeographie sowie die sozial- und kulturwissenschaftliche Raumforschung. Bielefeld. S.11-61.

Honold, Alexander: Auf der Suche nach dem Ort des Neuen. Weltumseglung und Selbstbegegnung im 18. Jahrhundert. In: Bay, Hansjörg; Merten, Kai (Hrsg.) (2006): Die Ordnung der Kulturen. Zur Konstruktion ethnischer, nationaler und zivilisatorischer Differenzen 1750-1850. Würzburg. S.121-149.

Jensen, Rocky K.; Jensen, Lucia Tarallo: Geschichte aus unserer Sicht – die hawaiianische Perspektive. In: Kunst- und Ausstellungshalle der Bundesrepublik Deutschland GmbH, Bonn; Kunsthistorisches Museum mit Museum für Völkerkunde und Österreichischem Theatermuseum, Wien; Historisches Museum Bern (Hrsg.) (2009): James Cook und die Entdeckung der Südsee. München. S.34-36.